PROCÉDÉ

Pour la Manipulation & la Fermentation des Vins.

C'EST l'utilité & le degré d'utilité, dit un Ancien, qui fait les Dieux & les Grands-Hommes.

Cette maxime eſt fondée ſur la droite raiſon. La droite raiſon veut, en dépit des ſiecles gothiques & des temps féodaux, dont l'eſprit ſubſiſte encore, avec plus ou moins de force, dans les mœurs & les préjugés des Modernes, que le degré & la proportion de l'utilité ſoient la meſure des titres comme de la reconnoiſſance; elle ne veut plus, comme dans l'antiquité, que Cérès & Bacchus ſoient des Dieux, mais elle veut au moins qu'ils ſoient des hommes: elle veut, ſi leurs inventions peuvent être utiles à tous les pays, à toutes les nations, à tous les ſiecles, *à tous & chacun des individus & tous les jours*, elle veut que tous les pays & tous les ſiecles

les écoutent, & qu'ils en soient regardés comme les bienfaiteurs.

D'après ces réflexions, que vingt années de traverses & de dégoûts ne justifient que trop, voyons maintenant quelles sont mes découvertes.

J'ai découvert un nouvel art de cultiver la Vigne, un art qui diminue considérablement les avances de la culture, & qui augmente la production.

J'ai découvert un nouvel art de faire les Vins, une nouvelle espece de Vin pour les conserver, & beaucoup d'autres grandes parties dans le même genre.

J'ai découvert & exposé dans la seule Richesse du Peuple, dont j'ai éclairci, assuré & perfectionné la partie rurale dans les points les plus importans & les moins bien connus de la culture des grains, par différentes lettres ou réponses publiées peu de temps après mon systeme; j'ai découvert, dis-je, l'art nouveau & très-nouveau de bien employer la terre & de la cultiver, & toutes ses productions à beaucoup moins de frais qu'aujourd'hui.

J'en ai découvert, depuis, un autre, plus excellent encore, au moins pour la culture des grains, & j'ai offert de le démontrer sous les yeux de tout Paris.

En d'autres termes, j'ai découvert la partie la plus belle & la plus intéressante de la Chymie Françoise : la manipulation, la fermentation & la conservation des Vins.

J'ai découvert, toujours seul & heureusement sans guide, la plus solide, la plus belle, la plus difficile & bien sûrement la plus utile partie de la Physique, en France, dans l'Europe & dans le Monde entier ; l'art très-inconnu de faire croître & de multiplier, dans toutes les terres, & sur-tout dans les plus mauvaises terres, toutes les récoltes & toutes les productions végétales de la Nature.

En un mot, j'ai découvert, par une infinité de moyens & de combinaisons, le moyen le plus naturel, le plus simple, le plus facile & le plus sûr pour rendre les hommes, tous les hommes, les hommes de tous les pays, plus riches, plus aisés, plus heureux, & d'assurer à jamais, par l'abondance des productions & une prodigieuse économie dans les avances de toutes les cultures, le pain & la subsistance du pauvre.

Mes découvertes sont d'un usage universel, on peut les pratiquer, avec le même succès & la même économie, dans toutes les parties de l'Europe, & à mille lieues de Paris, comme aux portes de Paris.

Elles ſont démontrées autant par le bon ſens & les principes que par les faits, elles ſont prouvées & avouées, & la critique que j'ai bravée tant de fois, n'a jamais oſé les attaquer ſous mes yeux, & en face du public. Il n'y a pas un ſeul homme grand ou non grand, riche ou pauvre, à qui elles ne puſſent être utiles & à qui elles ne duſſent déja l'être.

Envain l'ignorance, toujours armée contre le ſavoir, de vaines ſubtilités & de fauſſes diſtinctions, eſſayeroit-elle de combattre l'univerſalité de mes découvertes, en lui oppoſant la différence des lieux, des terres, des températures & des climats; ces vieilles & puériles objections ſont démenties par des faits poſitifs; & quand elles ne le ſeroient pas, comme elles le ſont, quels égards peuvent mériter des objections toujours vagues, toujours indéterminées & jamais appuyées ſur aucun fait clair, précis & pris dans le genre. Je défie, & ceci mérite la plus ſérieuſe attention, je défie qu'on m'en oppoſe publiquement un ſeul dans l'eſpece, & les circonſtances propres & particulieres d'aucune de mes découvertes.

Qu'on tourne & retourne tant qu'on voudra ma manipulation des Vins, les moyens que j'ai inventés pour en prolonger la durée, ma nouvelle méthode de cultiver la Vigne, la nouvelle combinaiſon & le plan que j'ai donnés dans la ſeule Richeſſe du peuple pour le meilleur emploi & la meilleure culture des terres, on ne pourra jamais dire pourquoi (& c'eſt pourtant ce qu'il faudroit dire pour pouvoir ou du moins pour devoir être écouté) on ne pourra jamais dire & encore moins *démontrer* pourquoi, ni par quelles raiſons, ces différentes découvertes ne peuvent être d'un uſage univerſel : & moi, j'ai prouvé par le bon ſens, par les principes, par l'ordre conſtant de la nature dans tous les pays, par l'expérience générale & les faits les plus poſitifs & les plus multipliés, que cet uſage univerſel eſt inconteſtable, & qu'on ne peut l'attaquer ſans choquer l'évidence & toutes les autorités.

Ma manipulation des Vins, & la nouvelle eſpece de Vin que j'ai imaginée pour les conſerver, &c. ſont d'un uſage univerſel & abſolu.

Ma culture de la Vigne eſt d'un uſage univerſel & même abſolu dans le ſens qu'elle peut ſe pratiquer avec ſuccès dans tous les pays de l'Europe, où la Vigne ſe cultive quoique par des circonſtances, dont quelques-unes lui ſont étrangeres, il puiſſe y avoir une forme de culture plus avantageuſe pour certains cantons, particuliérement dans les pays très-chauds. Mais ceci ne regarde que la culture & encore quelques points de culture, & non les principes dont la plupart sont appliquables à tous les pays & à tous les cantons.

A l'égard de la seule Richesse du peuple, la réduction & le plan de culture que j'y ai proposés, sont d'un usage universel & absolu partout & dans tout les pays où les terres sont mal cultivées, & où il y en a de mauvaises & de médiocres.

D'après cette explication, je me flatte que ce seroit envain qu'on voudroit élever des doutes sur l'universalité de mes découvertes.

Aussi inutilement m'opposeroit-on que mes découvertes ne sont point établies, & que celle qui l'est le plus, l'est encore très-peu : mes découvertes sont certaines, elles sont prouvées, j'ai fait tout ce que j'ai pu & sacrifié plus de quinze cents louis pour les établir ; les moyens que j'ai proposés, sont simples, économiques, tout le monde peut les exécuter, il suffit. Si après cela mes découvertes ne sont point établies, si elles sont encore trop peu connues, si, sans jamais leur opposer des raisons prises dans la chose même, tous mes efforts ont toujours été repoussés par l'indifférence des uns, & la froideur ou les fausses vues des autres, si la frivolité & la tournure de nos mœurs sont telles qu'à l'exception d'un petit nombre qui, à la vérité, s'accroît chaque jour, le plus grand intérêt, l'intérêt le plus prochain n'ayent pu encore émouvoir, dans les villes & dans les campagnes, tous les Propriétaires & tous les Cultivateurs, & les porter à faire au moins des essais & de petits essais, qui ne leur auroient rien coûté, puisque mes moyens sont économiques, s'ils aiment mieux douter, raisonner, ou ne pas raisonner, que de s'instruire, que de voir ou d'agir; enfin si, faute de m'écouter, nous avons perdu depuis un certain nombre d'années, plusieurs milliards en productions de toute espece, & que, depuis deux ans, entr'autres, la plus riche de nos récoltes ait été avilie & en grande partie gâtée & perdue; tout cela est étranger à mes découvertes, elles n'en sont pas moins ce qu'elles sont, & les réflexions par lesquelles j'ai commencé cet écrit, n'en sont ni moins justes, ni moins bien fondées.

Je laisse à tous les hommes vraiment judicieux & équitables à en tirer les conséquences que je pourrois en tirer ici pour moi; mais je ne les ignore pas, & j'avouerai même que j'y tiens, & c'est pour cela, comme pour rendre mes recherches utiles à toute la Société, que j'ai déclaré que je ne donnerois le reste de mes découvertes que sur le suffrage, ou le vœu du grand nombre. Je n'aurois pas fait apparemment les grands ſacrifices que j'ai faits, ſi je n'en avoit eſpéré un grand retour. Il y a près de 20 ans que je l'attends inutilement du public. Après un ſi long terme, & les dégoûts de tous les genres qu j'ai reçus de toutes parts, j'ai cru qu'il étoit temps enfin, ou de les réclamer, ou de renoncer entiérement à l'inſtruction publique, que moi ſeul peut donner, & je réclame.

PROCÉDÉ.

Ce Procédé eſt le même que j'ai publié au mois de Juillet dernier, il eſt encore plus parfait que aucun de ceux que j'avois donné avant ce temps, quoique pourtant ils ayent amélioré & conſervé les Vins à un degré qu'on étoit bien éloigné de croire poſſible : il convient à tous les pays, & on aura occaſion d'y remarquer, ainſi que dans la Leçon ſur la Grape & le Probléme ſur le Décuvage, qui en font partie, que quand il le faut, je ſuis auſſi fort qu'un autre, ſur les variétés que peut exiger, dans l'application des principes généraux, la différence des lieux, des années & même des circonſtances.

Les grands effets de ma manipulation ſont avoués ; mais je ſuis informé que beaucoup de personnes n'en prennent qu'une partie, & négligent l'autre. Il résulte, delà, deux grands inconvéniens : le premier, que ces personnes n'ont que des demi-succès, ou même n'en ont point du tout : le second, qui est de la plus grande conséquence pour le public, est que beaucoup de personnes qui voyent aussi mal que les autres exécutent, ou qui ne sont pas instruites que ma manipulation n'a été suivie qu'en partie, & souvent dans la moindre partie, la jugent sur les petits effets qu'ils en ont vus, & en concluent très-faussement, ou que son utilité est très-médiocre, ou, comme quelques-uns me l'ont écrit à moi-même, qu'elle n'est d'une grande utilité que dans certaines années, ou dans certains pays, tandis qu'il est démontré par des expériences multipliées, depuis plus de dix ans, en France, en Allemagne & en Italie, que ses effets sont toujours supérieurs dans tous les pays & dans toutes les années, *pourvu toutefois qu'elle soit bien exécutée, & qu'elle le soit dans toutes ses parties.*

C'est l'avis que je donne à toutes les personnes qui l'ont déja adoptée, & à celles qui sont disposées à l'adopter. Leur intérêt est de profiter de cet avis. Leurs Vins seront beaucoup meilleurs, se vendront bien plus facilement & auront même, suivant le degré de perfection de leur manipulation, une plus grande valeur vénale. Combien de Vins qui, par le bénéfice de mes procédés, ont été vendus, suivant les circonstances, dix, vingt & quelques-uns plus de trente livres par piece au-delà de ce qu'ils auroient été vendus! C'est aussi l'intérêt du public, auquel on ne peut donner, d'une maniere ou d'une autre, une fausse idée de ma manipulation sans le priver des grands avantages qu'il devroit en retirer. Je vais en décrire toutes les opérations, ensuite de quoi j'indiquerai les différentes parties qui doivent composer l'Ouvrage entier que j'ai promis, & que je donnerai, sur les Vins, si les conditions sous lesquelles je l'ai annoncé sont exactement remplie, & si je n'en suis empêché par la suite des accidens dont j'ai fait mention dans le Moyen de conserver les Vins.

1°. On se conformera en ce qui concerne la Grape ou Rafle, à ce que j'en ai dit dans la Leçon qui précede.

2°. Si, ce qui est toujours le mieux & infiniment mieux quand on le peut, on foule la vendange avant de la jetter dans la cuve, on la foulera parfaitement & de maniere à ouvrir tous les grains, & à en détacher & faire sortir, non-seulement la partie la plus fluide & la partie glutineuse ou muqueuse qui enveloppe les pepins ; mais encore la partie de la pulpe ou chair adhérente à la bourſe ou écorce du grain : c'eſt la partie la plus précieuſe, la plus élaborée, la plus ſucrée, & celle qui donne le meilleure Vin. Sans elle point de Vin ou de bon Vin, du moins comparativement.

On foulera toute la vendange en un jour, ou un jour & demi au plus tard, ſans quoi le moût s'éventera en partie, l'ébullition ſera moins forte, la diſſolution moins complette, l'atténuation moins grande, la compoſition du mixte plus difficile & moins parfaite, & le Vin moins vigoureux & d'une moindre durée.

Si on foule en un jour & demi, ou ſi même on étoit forcé de fouler en deux jours, on couvrira la cuve pendant les nuits, avec le fond ou deſſus de bois dont je donnerai ci-après la deſcription. On feroit bien même, ſi on ne foule pas au-deſſus de la cuve, de la couvrir dans le jour pendant l'opération.

Dès qu'elle ſera achevée, on poſera les planches ſur le marc, s'il eſt monté au-deſſus de la liqueur, & s'il a aſſez de force pour les porter.

Pendant l'opération du foulage, on égaliſera le marc, au moins quatre fois par jour, avec une pelle de bois ou autre inſtrument à long manche, afin que le liquide & le marc ſoient également diſtribués dans toutes les parties de la cuve dans laquelle, dans ce temps, ni après, on ne mettra point les pieds & on ne fera deſcendre aucun homme; ce ſeroit affoiblir le Vin.

Si la vendange eſt froide, & que le marc ait peine à couvrir la liqueur, on fera bien d'échauffer la cuve avec quelques chaudieres de raiſins bouillans, entonnés dans la proportion d'un quarantieme, ou à peu près, de la totalité de la cuvée, ſauf à en mettre autant après, & auſſi-tôt que le marc ſera monté, ſi la premiere quantité ne paroiſſoit pas ſuffiſante, comme en général elle ne le ſera pas dans les vendanges froides, ou lorſque les raiſins auront une très-grande verdeur; dans ces cas, on mettra, ou en une fois, ou en deux, ſi on en a mis une premiere fois pour faire monter le marc, on mettra, dis-je, un ſeau de raiſins bouillans ſur vingt; & quand on en met, il faut toujours les mettre auſſi-tôt que le marc eſt monté, & ſans interruption. Si on les mettoit plus tard, le vin ne ſeroit pas gâté, mais il ſeroit plus foible & moins bon. Voyez pour le ſurplus ce qui ſera dit à l'article 9 & aux ſuivans.

3°. A l'égard des perſonnes qui, comme c'eſt malheureuſement de beaucoup le plus

grand

grand nombre, font fouler leur vendange dans la cuve, je leur conſeille de faire enſorte que leur vendange ne ſoit pas écraſée plus qu'au quart, c'eſt-à-dire, qu'il n'y en ait pas plus du quart en Vin. La fermentation du tout, après le foulage, en ſera plus ſimultanée, plus parfaite, & le Vin en ſera plus propre à ſe conſerver.

Elles mettront auſſi le moins de temps qu'il leur ſera poſſible à raſſembler la vendange d'une cuvée: c'eſt le mieux; mais les perſonnes qui, comme les Vignerons, ne le peuvent pas, ou ne le peuvent pas toujours, ſont néceſſairement diſpenſées de ce mieux. Le point important eſt, autant que cela ſe peut, qu'il n'y ait pas plus du quart de la vendange qui ſoit écraſé: il vaudroit mieux qu'il y en eût un peu moins que plus, la vendange durât-elle quatre jours & au-delà, pourvu toutefois que tout ſe faſſe exactement comme je l'enſeigne.

On égaliſera ou égalera la vendange en général, quatre fois par jour, comme je l'ai dit, & par les raiſons que j'ai dites.

4°. On ne fera, ni levain, ni fond de cuve.

Si la vendange eſt écraſée au quart, ou à bien peu de choſe près, les raiſins tremperont ou ſeront humectés ſuffiſamment. Les Vignerons auront bien de la peine à goûter cet avis; mais s'ils ne le ſuivent pas, leur Vin en aura moins de qualité.

Un avis qu'ils auront encore bien de la peine à ſuivre, c'eſt celui de n'entrer aucunement dans leur cuve, & de n'y tremper les pieds que pour le foulage complet de la totalité de la vendange.

Je m'attends bien qu'ils croiront leur cuve, ou leur Vin perdu ; & moi, au contraire, je ſuis certain qu'en faiſant autrement que je ne le dis, & comme ils ont l'imbécile coutume de faire, ils éventent & énervent leur Vin, & que quand, par hazard, il eſt bon, c'eſt qu'ils n'ont pu le rendre mauvais.

5°. (Et ceci calmera peut-être un peu les inquiétudes des Vignerons.) Dès le ſoir du premier jour de la vendange, on couvrira la cuve ; & quand le marc ou la maſſe des raiſins ſera monté au-deſſus de la liqueur, & aſſez haut pour pouvoir placer le fond, on couvrira, non pas la cuve, mais le marc ou la vendange, en plaçant les planches de ce fond *immédiatement* deſſus. Par-là on coupera, en grande partie, toute communication avec l'air ambiant ou externe qui deſſeche le marc ou la grappe, on préviendra l'évaporation de l'air libre de la liqueur, on retiendra dans le marc toutes les parties volatiles, humides & ſpiritueuſes qui auroient pu s'en échapper, & on conſervera au marc, où à la vendange élevée au-deſſus de la liqueur, toute l'humidité néceſſaire.

Les Vignerons pourront encore, pour ſe tranquilliſer l'eſprit, arroſer très-légérement & très-rarement, mais pourtant quand ils le croiront néceſſaire, la ſuperficie du marc avec quelque ſeaux de Vin, qu'ils tireront par la canelle & non autrement ; ils couleront ces ſeaux de Vin ſur la vendange, de maniere que toutes les parties de la ſuperficie en ſoient également humectées.

Avec toutes ces précautions, aſſurément très-faciles & très-ſimples, la cuve attendroit, au beſoin, le foulage huit jours & quinze jours ; ſans que la cuve ou le Vin courût le moindre danger, & qu'il y eût à craindre que le marc, chaud ou non, pût aucunement s'échauffer ou, autrement dit, s'aigrir.

Cette derniere obſervation regarde particuliérement les perſonnes qui ſont aſſervies à la banalité des preſſoirs ; mais il n'eſt pas de leur intérêt d'en abuſer.

Si on ne ſe conforme pas rigoureuſement à tous ces premiers documens & à ceux que je donnerai dans la ſuite ; alors ce ne ſera plus mon procédé, car les uns & les autres en ſont également une partie eſſentielle & indiviſible.

A cette occaſion, & pour répondre à crtaines lettres que j'ai reçues de quelques-uns de nos plus fameux Vignobles, où des personnes paroissent disposées à allier certaines pratiques de leur pays à plusieurs de celles que j'enseigne, quoique ces pratiques soient formellement opposées à une partie de celles que j'enseigne pareillement, je crois devoir remarquer à ces personnes, que si je ne savois pas mieux & infiniment mieux qu'on ne le fait, les principes & la manipulation suivant lesquels chaque pays & tous les pays doivent fabriquer leurs Vins, je ne me serois sûrement pas ingéré de leur donner des leçons. Si j'en ai données, c'est que j'ai prouvé que j'étois en état d'en donner, & en ce cas, il faut les suivre & non pas les réformer, & encore moins me le dire.

6°. Si, après la vendange achevée, le marc avoit peine à s'élever au-dessus de la liqueur, on pourroit mettre quelques raisins bouillans, comme je l'ai dit à l'article 2.

7°. On foulera la vendange dans la cuve, dès qu'elle ne sera plus trop froide pour pouvoir y descendre, & que le marc sera monté; le plutôt sera toujours le mieux : cependant, si on ne le pouvoit pas, & qu'il fallût de nécessité attendre huit jours ou même davantage, on pourra les attendre; le point le plus important, est que le foulage soit bien fait : & pour qu'il soit bien ſait, il faut, autant qu'il eſt poſſible, qu'il ſoit ſait promptement & bien : la derniere condition eſt encore la plus néceſſaire.

Pour remplir ces deux conditions, après avoir mouillé & trempé le marc avec une quantité de ſeaux de Vin néceſſaire, ſi on avoit lieu de craindre, par l'état de la cuve, que la vapeur n'en fût dangereuſe, on fera deſcendre en même-temps dans la cuve deux & même trois hommes, ſi elle peut les contenir. Si ces deux ou trois hommes, après avoir fait de leur mieux, ne ſuffiſoient pas pour compléter le foulage, & le compléter autant qu'il peut l'être, bien entendu, en ce cas, on en fera deſcendre encore autant, pour achever ce que les autres n'auront pu faire. C'eſt une opération eſſentielle & pour laquelle il ne faut abſolument rien épargner. On peut juger de ſon importance par l'article 2. Cette opération une fois manquée, tout le reſte l'eſt.

8°. Auſſi-tôt que l'opération du foulage ſera achevée, on recouvrira la cuve, ou plutôt le marc, s'il eſt monté, en poſant immédiatement deſſus, le couvercle ou fond de planches dont je vais donner la deſcription.

Ce fond doit être compoſé, pour le mieux, de planches de bois de chêne de douze lignes d'épaiſſeur ; mais j'aimerois mieux qu'elles en euſſent quinze : j'en pourrai dire la raiſon dans un autre temps. Sans cette raiſon ſix ou huit lignes d'épaiſſeur ſuffiroient. Ces planches, qui ne doivent pas tenir enſemble, mais qui, au contraire, doivent être détachées & ſéparées les unes des autres, peuvent, en général, être plus ou moins larges; mais ſi on m'en croit, on les prendra d'un pied ou de ſix pouces de largeur, & plutôt de ſix pouces que d'un pied.

Ce fond, dont je me ſers & ſe ſervent depuis long-temps toutes les perſonnes qui façonnent exactement leurs Vins ſuivant mes principes, eſt très-maniable & nullement embarraſſant; & comme il a beaucoup moins de poids que s'il étoit tout d'une piece, il ſuit facilement le mouvement du marc, ſur lequel il poſe immédiatement : il monte & baiſſe avec lui ſans le quitter.

Cette maniere de couvrir eſt, ſans contredit, la meilleure, la plus sûre, & la ſeule pour retenir la chaleur & les eſprits dans le Vin, & pour prévenir tout aigriſſement du marc, qui, à quelque point qu'en ſoit la fermentation, eſt toujours maintenu, à la faveur des planches qui le couvrent immédiatement, au degré d'humidité néceſſaire. Ce fond eſt une piece dont on ne peut ſe paſſer.

Sa largeur ou ſon diametre doit être tel qu'il puiſſe entrer dans la cuve, de toute ſon épaiſſeur, c'eſt-à-dire, de douze ou quinze lignes, au moins.

6°. Si, après l'opération du foulage, ou peu d'heures après cette opération, le marc ne recouvroit pas la liqueur, il faudroit l'aider par les raiſins bouillans. Si on n'en a pas encore mis, on pourra en mettre un vingtieme ou un vingt-quatrieme, ou, ſi on en a déja mis, un quarantieme : le tout un peu plus, un peu moins, ſuivant l'exigence des années & des circonſtances.

En général, comme le foulage dans la cuve ne peut jamais qu'être nuiſible à la fermentation & à ſa vigueur, je conſeille, pour ſuppléer à une & même à pluſieurs des parties les plus eſſentielles diſſipées par cette opération, d'entonner dans la cuve quelques raiſins bouillans, ne fût-ce qu'une chaudiere de trois ſeaux : cependant, comme ceci n'eſt point abſolument de rigueur, & que les perſonnes qui n'auroient foulé que quelques jours après avoir achevé leurs cuvées, ne pourroient, au moins pour le plus grand nombre, conſerver des raiſins aſſez frais pour l'opération dont il s'agit, il faudra, de néceſſité, qu'elles s'en diſpenſent, vu que, pour cette opération, il ne faut jamais employer de mout, ni de raiſins pris dans la cuve. Le conſeil que je viens de donner, ne regarde que les perſonnes qui peuvent le ſuivre.

Les raiſins qu'on deſtinera aux chaudieres, ſeront apportés de la vigne, à grappe ſeche, & ſans être aucunement écraſés, afin qu'ils ne s'échauffent point, à moins que ce ne fût pour les employer auſſi-tôt. On les mettra en réſerve, pour en faire uſage quand il en ſera temps. Alors, à moins qu'on ne veuille faire ſéparément, ce qui eſt toujours le mieux, un Vin de conſervation, ou qu'on n'ait deſſein d'avoir un Vin préſent, plus prompt à boire, ou plus délicat, ce qui, en bien des cas, eſt avantageux, alors, dis-je, on foulera bien les raiſins avec les mains ou autrement, ſans en extraire la grappe; enſuite de quoi on mettra le tout enſemble ſur le feu, & on le fera bouillir.

On emplira, à peu de choſe près, la chaudiere, & on aura l'attention très-facile de remuer le marc & le mout, pour les empêcher de s'attacher au fond du vaiſſeau. Auſſi-tôt qu'ils ſeront bouillans, s'ils ont été égrapés, on les retirera, & on les verſera tout auſſi bouillans qu'il ſera poſſible : plus ils ſeront brûlans, & moins il en faudra. A l'égard des raiſins bouillans non égrapés, on ſe conformera, en tout point, aux documens que j'ai donnés, ſur cette partie, dans le Moyen de conſerver les Vins.

La meilleure maniere d'employer les raiſins bouillans, & la ſeule qui ſoit bonne, eſt celle de les introduire dans le mout, à l'aide de l'entonnoir de fer-blanc que j'ai imaginé.

Cet inſtrument double au moins l'effet de ces raiſins; il les porte au fond de la cuve, d'où, par ce moyen, la chaleur ſe répand également dans le mout & le marc, & s'y conſerve, ſans comparaiſon, bien plus long-temps qu'en les verſant, comme il ſe pratique ordinairement en faiſant une large ouverture dans toute l'épaiſſeur du marc, d'où, dans le moment même, il s'évapore une grande partie du feu qu'on y jette.

L'entonnoir dont je me ſers, porte quatre pieds de long, non compris le baſſin : il peut revenir actuellement à cinq ou ſix livres dans les Provinces; à Paris, il en coûte ſept. J'en ai déja fait faire pluſieurs chez *le ſieurs Briet*, *Marchand Ferblantier*, *cour Saint-Martin-des-Champs*, *à la Lanterne à réverbere.*

La douille, ou, autrement dit, le tuyau, eſt large de trois pouces de diametre ſur quatre pieds de longueur : il eſt ſurmonté d'un baſſin de fer-blanc, ouvert de quinze à ſeize pouces; c'eſt un entonnoir dans la forme ordinaire, excepté que le tuyau eſt beaucoup plus long, plus large, & que le baſſin eſt plus évaſé.

Il y a vingt ans que je fais uſage des raiſins bouillans : je les ai employés en très-grande quantité dans l'expérience que j'ai faite par ordre du Gouvernement, en 1771 : je les ai employés, en 1772, ſur les Vins de M. Bertin, Miniſtre d'Etat, en 1774, ſur les Vins de M. de la Galaiſiere, alors Intendant de Lorraine, & aujourd'hui d'Alſace. Ils ont été employés ſur les Vins fins de la Bourgogne & de la Champagne; dans le Languedoc, dans le Bordelais & dans toutes les Provinces du Royaume. La bonté & les avantages de ce moyen, *employé de la maniere & dans les temps que j'indique*, ſont prouvés par une multitude d'expériences faites en France & dans les pays étrangers. On ne peut donc mieux faire par-tout que d'employer les raiſins bouillans lorſqu'ils ſont néceſſaires, & ils le ſont toujours dans les vendanges froides & dans les petites fermentations; hors ces cas, on peut, à la rigueur s'en paſſer, quoique par-tout, à l'exception des vendanges très-chaudes, ils ne peuvent jamais qu'être utiles.

J'inſiſte ſur l'innocence & la certitude des bons effets de ce moyen; parce que, d'un côté, je ſuis informé que pluſieurs perſonnes qui ont pratiqué cette année, ou plutôt la derniere, ma manipulation, tant bien que mal, ont négligé & même craint de faire uſage de ce moyen, & que, de l'autre, des amateurs de différentes Provinces m'ont témoigné, par écrit, un grand éloignement pour les raiſins bouillans; & pour le juſtifier, quelques-uns m'ont même cité de prétendus exemples, démentis, comme on vient de le voir, par les faits les plus authentiques & les plus multipliés. Je les ai diſſuadés de leur fauſſe prévention, & j'apprends de quelques-uns d'eux, qu'ils ſe ſont ſervis, avec avantage, à la derniere vendange, des raiſins bouillans & de l'entonnoir; mais il n'en eſt pas moins étrange que, tandis qu'en certaines Provinces on attache le plus grand mérite aux raiſins bouillans, & qu'on ſemble même y réduire, quoique très-mal-à-propos, toute ma manipulation, les mêmes raiſins ſoient regardés dans d'autres Provinces, où l'eſpece des Vins eſt pourtant très-commune, comme un moyen douteux & même dangereux. Les uns & les autres donnent également dans l'excès, & y donnent par les mêmes cauſes, c'eſt-à-dire, par préjugé & par ignorance.

C'eſt préjugé & ignorance que d'attribuer tout aux raiſins bouillans, comme c'eſt encore préjugé & ignorance, que de les regarder comme dangereux ; mais les préjugés & l'ignorance ne se bornent pas là, ils étendent encore leur empire sur toutes les parties de l'agriculture. Ce sont eux, & eux seuls qui y donnent la loi ; ce sont eux qui, après en avoir arrêté les progrès pendant tant de siecles, les arrêtent encore aujourd'hui. Les inventions attribuées à Cérès & à Bacchus, sont les plus précieuses, les plus nécessaires & les plus dignes de l'attention du genre humain, & cependant elles sont encore aussi brutes, aussi grossieres, aussi informes qu'elles pouvoient l'être au moment qu'elles sont sorties des mains de ces deux grandes Divinités des Anciens. Notre siecle à cet égard, n'a pas fait un seul pas de plus, & notre Agriculture n'est pas plus avancée que dans les temps qui ont précédé le nôtre.

Ce n'est pas qu'on ne sache beaucoup, mais on sait beaucoup de choses dont le plus souvent on pourroit se passer, & on ne sait rien de celles qu'il seroit le plus nécessaire de savoir. On saura, par exemple, tous les phénomenes connus de l'électricité & mille autres choses semblables, & quoiqu'on ait des terres & quelquefois de grandes terres, on ne sait pas le premier mot de la science qui seroit nécessaire pour employer utilement ces terres, pour les cultiver, les féconder & leur donner ou en augmenter la valeur. Cette ignorance a deux cauſes principales : l'une eſt le défaut de circulation de l'inſtruction, & l'autre le vice de l'éducation nationale qui met devant ce qui devroit être derriere.

10°. Le foulage, les raiſins bouillans, le fond placé, en un mot, toutes les opérations préparatoires une fois conſommées, on ne touchera plus à la cuve en aucune maniere. Il faut laiſſer agir la nature ſans la troubler, comme on eſt dans l'uſage ridicule de le faire par-tout, ou preſque par-tout, en rabattant la cuve, ou autrement dit, en enfonçant & plongeant, avec les pieds ou d'une autre maniere, le marc dans la liqueur, ſoit pour animer la fermentation, ce qui eſt fou, ſoit pour donner plus de couleur au Vin, ce qui eſt un contre-ſens, puiſqu'il eſt de fait que le Vin prend d'autant moins de couleur que le marc eſt plus humide, & qu'il eſt plus dépouillé des parties ſpiritueuſes, qui peuvent ſeules diſſoudre la partie colorante du grain.

Les Vignerons, en rabattant leurs cuves ou leur vendange, comme ils font & ne ceſſent de faire, ſoit avant, ſoit après le foulage, vont en tout point contre les vues qu'ils ſe propoſent. Il ſemble que par-tout, on ſe ſoit étudié à contrarier la nature. Il n'y a pas dans la manipulation ordinaire des Vins, une ſeule opération, pour qui en connoît l'effet, qui, à en regarder la forme & ſouvent le fond, ne paroiſſe avoir été imaginée tout exprès pour cela, ou dont, au moins, le réſultat ne ſoit de dégrader le Vin.

11°. On arroſera le marc, dans les temps & de la maniere que je l'ai marqué dans le Problême, *ſans s'attacher pourtant à une préciſion minutieuſe:* Ceci ſoit dit, non-ſeulement pour cette opération, mais pour toutes les autres. Dans les opérations en grand il faut être exact, mais il faut bien ſe donner de garde de pouſſer, comme quelques-uns, l'exactitude juſqu'au ſcrupule.

On tirera le Vin par la canelle, car il en faut mettre aux cuves qui n'en ont pas : on le jettera de bas & non de haut ſur le marc, afin de ne pas éventer le Vin, & cela fait, on aura ſoin de bien couvrir la cuve après chaque opération.

12°. On décuvera le Vin d'après les principes, l'indication & les obſervations que j'ai donnés dans le Problême, ni plutôt, ni plus tard.

On doit éviter également les deux excès, mais ſur-tout on doit bien ſe donner de garde de tirer le Vin beaucoup plus tard & comme il ſe pratique dans un grand nombre de Vignobles, ou, après que les Vins ſont faits, on les laiſſe s'éventer & ſe défaire dans la chaleur de la cuve, les uns pendant quatre jours & plus, les autres pendant huit & quinze jours, & quelquefois plus de trois ſemaines. Quelle folie, ou plutôt quelle ignorance ? & c'eſt en France, c'eſt dans un Royaume où, par rapport au Commerce extérieur, les Vins ſont la plus grande richeſſe nationale, que perſonne ne ſait les faire, & que tout le monde les fait mal dans tous les points.

Encore ſi les fautes & les pertes qui en ſont la ſuite, ſe bornoient aux Vins; mais la vigne, mais les bleds, mais les terres, mais les champs, mais les moiſſons, mais la vendange, mais les bois, les prés & toutes les productions qui ſervent à l'uſage de l'homme & des animaux, tout cela eſt auſſi mal traité que les Vins. Tous nos arts, j'entends, les arts les plus néceſſaires, ſont encore dans l'enfance, & malgré les lumieres ſi éclatantes de notre ſiecle, notre Agriculture, comme je l'ai dit dans la ſeule Richeſſe du peuple, n'eſt encore que gaſpillage; au moins par-tout où elle peut l'être.

Mais tout dort; on dort dans les villes, on dort dans les campagnes, & pendant que tout dort, nous aviliſſons nos Vins, nous en perdons une partie, & nous en laiſſons réguliérement chaque année un quart ou un cinquieme dans le ſein de la terre; chaque année, nous perdons de la même maniere une partie de nos moiſfons & de nos grains, une partie de nos troupeaux & de nos bestiaux, & une infinité d'autres biens, dont nous manquons & dont nous sommes forcés, pour notre propre subsistance, de nous pourvoir ailleurs ; tandis qu'ave moins d'engourdissement & à la faveur de l'instruction, il nous seroit si facile d'en avoir assez pour nous & pour d'autres. Je sais que rien n'est plus opposé à l'économie que le gaspillage, & que, dans ce siecle, où le mot économie est dans toutes les bouches & dans tous les écrits, les pertes immenses & très-anti-économiques que je viens d'articuler, doivent paroître peu croyables ; mais pourtant il faut les croire, mes découvertes en font foi, & on ne peut infirmer leur témoignage qu'en les détruisant elles-mêmes, & qu'en les détruisant par des faits *égaux en force, en nombre & en autorité*, à ceux qui en démontrent la certitude. Mais où trouver ces faits ? Et si on ne les trouve pas, comment nier l'avilissement de nos Vins, la perte annuelle d'une partie considérable de nos moissons & de toutes nos récoltes ?

13°. Comme je suppose que les raisins auront été aussi parfaitement foulés qu'il étoit possible, j'estime qu'en général, on ne doit point séparer le Vin du pressurage d'avec celui de la cuve.

Aussi-tôt,

Aussi-tôt, & dès le jour même que les tonneaux seront emplis, on couvrira de feuilles de vignes, & avec des tuileaux, leur embouchure. Les Vins, bien façonnés & décuvés suivant mes principes, ne jettent point & n'ont aucune ébullition dans les tonneaux, au moment même où ils viennent d'y être mis, ou du moins, ils n'en ont que très-peu.

On remplira, on houillera le Vin une fois au moins dans les premiers jours, & jusqu'à ce que les futailles soient abreuvées.

Dès que le Vin sera froid, & non plus tard, on le bondonnera & on le remplira tous les huit jours dans le premier mois, tous les quinze jours dans le second, & ensuite tous les mois, mais toujours plus souvent que moins.

Matieres des Leçons qui composent l'Ouvrage entier que j'ai annoncé sur les Vins, avec l'annonce de la seule Richesse du Peuple.

PREMIERE Leçon sur le temps juste où il faut couper la vendange. Cette Leçon, si nécessaire & si importante, sur-tout en certaines années, peut être regardée comme la premiere partie de l'Ouvrage.

Seconde Leçon sur la Grape ou Rafle; c'est la même que j'ai jointe au moyen de conserver les Vins.

Troisieme Leçon sur le foulage de la vendange, avec les principes fondamentaux du parfait foulage des raisins, les faits qui prouvent la néceſſité & les avantages de la perfection du foulage, la deſcription de la nouvelle fouloire que j'ai imaginée, les grands avantages de cette fouloire abſolument néceſſaire, à raiſon *de la perfection, de la commodité & de l'économie du foulage*, à toutes les perſonnes qui ſont dans l'uſage & le pouvoir de faire fouler les raiſins avant de les jetter dans la cuve.

Quatrieme Leçon ſur les raiſins bouillans, &c.

Cinquieme Leçon ſur la néceſſité & la maniere de couvrir les cuves.

Sixieme Leçon ſur la maniere de conduire les cuves avant & après le foulage de la vendange, juſqu'au tirage du Vin, avec la critique des abus, en tout point, dans la maniere actuelle de conduire la fermentation.

Septieme Leçon, ou Problême ſur le temps juſte du décuvage des Vins, avec les principes & les faits néceſſaires pour réſoudre cette queſtion auſſi difficile qu'importante.

Huitieme Leçon ou premier Procédé pour faire les Vins rouges avec la nouvelle fouloire. Ce Procédé s'accorde dans le plus grand nombre des points avec le ſuivant.

Neuvieme Leçon; ou ſecond Procédé pour faire les Vins rouges, à l'uſage de tous les Propriétaires des Vignes, particuliérement des Vignerons & des Propriétaires aſſujétis à la banalité des preſſoirs; c'eſt celui que je viens de donner, & que j'ai adapté à l'uſage de tous les Propriétaires & Vignerons.

Ces huit dernieres Leçons forment la ſeconde Partie de l'Ouvrage & la totalité de la Manipulation génerale des Vins.

La dixieme Leçon, ou le Moyen de conſerver les Vins, &c. eſt la troiſieme Partie de l'Ouvrage; c'eſt celle à laquelle j'ai joint le préſent Procédé.

Les Leçons ſuivantes composeront la quatrieme Partie, & ſont abſolument indépendantes des trois premieres, comme elles le ſont entr'elles. Voici ces Leçons.

Onzieme Leçon, ou Procédé particulier pour concentrer le mout, & en extraire ſans feu & par un moyen ſimple, la partie aqueuſe, ſurabondante dans preſque toutes les années, mais ſinguliérement dans les années & les vendanges pluvieuſes. Ce procédé qui ſeroit ſouvent néceſſaire pour la plus grande qualité poſſible des Vins, & ſur-tout des Vins deſtinés pour l'étranger, eſt d'une exécution non moins facile que les deux précédens, & dans les circonſtances où il eſt d'uſage, il eſt beaucoup plus parfait, & peut donner d'excellens Vins, où les autres n'en donnent que de bons.

Douzieme Leçon, ou Procédé pour faire les Vins rouges *fins*, & en prolonger la durée ſans en altérer la fineſſe, ni leur donner une plus grande intenſité de couleur.

Treizieme Leçon, ou Procédé pour faire les Vins blancs dans les années où ils ont beaucoup de verdeur.

Quatorzime & derniere Leçon, ou la Maniere de gouverner les Vins après qu'ils ſont faits.

Je ne m'arrêterai point à faire remarquer l'importance de toutes ces différentes Parties, je penſe qu'il ſuffit de les avoir expoſées; mais je ne puis trop inviter les perſonnes qui les déſireront, à ne point me faire attendre leurs demandes, & à me les adreſſer au plutôt. Avec cette attention, il ne ſera peut-être pas en mon pouvoir de les ſatisfaire & ſur-tout de les ſatisfaire pleinement; mais bien ſûrement je les ſatisferai encore moins ſi elles ne m'en preſſent pas.

La ſeule Richeſſe du Peuple, ou Moyen de faire baiſſer le prix de toutes les ſubſiſtances, m'eſt demandée par quelques personnes. Si, d'ici à quelques mois elle l'est suffisamment, j'en donnerai une seconde édition, à laquelle je joindrai les lettres & les instructions dont j'ai fait mention au commencement de cet Ecrit.

Au moyen de ces nouvelles instructions, tous les Cultivateurs, Propriétaires ou non, pourront aller & agir en pleine connoissance de cause, & il ne tiendra qu'à eux, en profitant des vues générales que j'ai données sur toutes les cultures & l'administration de toutes les parties rurales, de s'enrichir, d'enrichir l'Etat & de mettre le Pauvre peuple à l'abri de la famine & de la misere.

A l'égard du nouveau plan, plus économique encore, que j'ai annoncé pour la culture des grains seulement, je ne le donnerai pas, & je ne dois pas le donner. J'y renonce.

J'avoue qu'il est peu croyable que la même quantité de labours & d'engrais qu'on emploie aujourd'hui, puisse donner, sinon le double, au moins la moitié plus de productions que cette même quantité n'en donne à présent. J'avoue encore qu'il est difficile de croire possible de féconder & de fertiliser les terres les plus stériles & les plus ingrates, au point de faire rapporter à une grande partie de ces terres d'aussi beau bled que dans la plaine de Louvres, &, à tout prendre, à moins de frais. Mais après toutes les découvertes que j'ai données au Public, après les expériences personnelles que j'ai citées, & les offres que j'avois faites, de répéter ces expériences sous les yeux de tout Paris; après la seule Richesse du Peuple où j'ai établi si solidement les vrais & les grands principes de l'Agriculture; je devois en être cru, assez au moins pour que mon nouveau plan me fût demandé. Il ne l'a pas été, ou du moins il ne l'a pas été par le Public; je ne le lui dois pas, & je ne le lui donnerai pas.

www.ingramcontent.com/pod-product-compliance
Ingram Content Group UK Ltd.
Pitfield, Milton Keynes, MK11 3LW, UK
UKHW032024260826
14628UKWH00006B/2709

9 782329 476643